北京时代华文书局

图书在版编目（CIP）数据

当诗词遇见科学：全20册 / 陈征著 . — 北京：北京时代华文书局，2019.1（2025.3重印）
ISBN 978-7-5699-2880-8

Ⅰ. ①当… Ⅱ. ①陈… Ⅲ. ①自然科学－少儿读物②古典诗歌－中国－少儿读物 Ⅳ. ①N49②I207.22-49

中国版本图书馆CIP数据核字(2018)第285816号

拼音书名 | DANG SHICI YUJIAN KEXUE：QUAN 20 CE

出 版 人 | 陈　涛
选题策划 | 许日春
责任编辑 | 许日春　沙嘉蕊
插　　图 | 杨子艺　王　鸽　杜仁杰
装帧设计 | 九　野　孙丽莉
责任印制 | 訾　敬

出版发行 | 北京时代华文书局 http://www.bjsdsj.com.cn
北京市东城区安定门外大街138号皇城国际大厦A座8层
邮编：100011 电话：010-64263661 64261528
印　　刷 | 天津裕同印刷有限公司
开　　本 | 787 mm×1092 mm　1/24　　印　　张 | 1　　字　　数 | 12.5千字
版　　次 | 2019年8月第1版　　印　　次 | 2025年3月第15次印刷
成品尺寸 | 172 mm×185 mm
定　　价 | 198.00元（全20册）

自 序

一天，我坐在客厅的沙发上，望着墙上女儿一岁时的照片，再看看眼前已经快要超过免票高度的她，恍然发现，女儿已经六岁了。看起来她一直在身边长大，可努力搜索记忆，在女儿一生最无忧无虑的这几年里，能够捕捉到的陪她玩耍，给她读书讲故事的场景，却如此稀疏……

这些年奔忙于工作，陪孩子的时间真的太少了！

今年女儿就要上小学，放眼望去，小学、中学、大学……在永不回头的岁月中，她将渐渐拥有自己的学业、自己的朋友、自己的秘密、自己的忧喜，直到拥有自己的家庭、自己的人生。唯一渐渐少了的，是她还愿意让我陪她玩耍，给她读书、讲故事的时间……

不能等到孩子不愿听的时候才想起给她读书！这套书就源自这样的一个念头。

也许因为我是科学工作者，科学知识是女儿的最爱，她每多了解一个新的科学知识，我都能感受到她发自内心的喜悦。古诗词则是我的最爱，那种“思飘云物动，律中鬼神惊”的体验让一个学物理的理科男从另一个视角感受到世界的美好。当诗词遇见科学，当我读给孩子，这世界的“真”“善”与“美”如此和谐地统一了。

书中的科学知识以一个个有趣的问题提出，目的并不在于告诉孩子答案，而是希望引导孩子留心那些与自然有关的细节，记得观察生活、观察自然；引导孩子保持对世界的好奇心，多问几个为什么。兴趣、观察和描述才是这么大孩子的科学教育应该做的。而同时，对古诗词的赏析，则希望孩子们不要从小在心里筑起“文”与“理”之间的高墙，敞开心扉去拥抱一个包括了科学、文化和艺术的完整的世界。

不得不承认，这套书选择小学语文必背的古诗词，多少还是有些功利心在其中。希望在陪伴孩子的同时，也能为孩子的学业助一把力。

最后，与天下的父母共勉：多陪陪孩子，趁着他们还没长大！

释词

1 惠崇：宋初以诗闻名的九僧之首，福建建阳人，能书善画。

2 蒌蒿：草的名字，有青蒿、白蒿等种类。

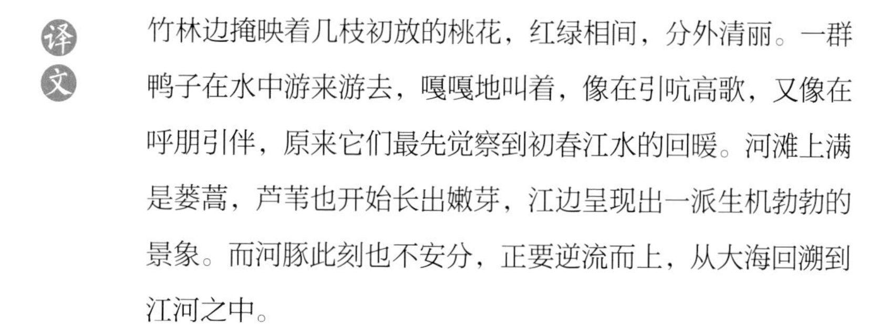

译文

竹林边掩映着几枝初放的桃花，红绿相间，分外清丽。一群鸭子在水中游来游去，嘎嘎地叫着，像在引吭高歌，又像在呼朋引伴，原来它们最先觉察到初春江水的回暖。河滩上满是蒌蒿，芦苇也开始长出嫩芽，江边呈现出一派生机勃勃的景象。而河豚此刻也不安分，正要逆流而上，从大海回溯到江河之中。

芦芽是芦笋吗？它和竹笋有什么区别？

芦笋和竹笋长得有点儿像，名字听起来也很像。两者生长方式上，也有相似之处。它们都有在土壤里蔓延生长的地下茎，芦笋和竹笋都是各自的地下茎向地面上生长出的嫩芽。只要不破坏地下茎，它们就会不断地生长蔓延，不断向地上生长出嫩芽，被掰掉的竹笋或者芦笋，还会重新生长出来。不过芦笋是一种叫作石刁柏的植物的嫩芽，而竹笋是竹子的嫩芽，它们两个是两种不同的植物。

很多人以为芦芽就是芦笋，但实际上芦笋是一种原产于地中海的植物，到清代才被引入中国。所以诗中的芦芽不是芦笋，而是指芦苇的嫩芽，也叫芦苇芽、芦苇笋。诗经名句“蒹葭苍苍，白露为霜”中的蒹葭，就是这种东西。它和芦笋、竹笋没有任何关系，是完全不同的植物。

河豚为什么不会毒死自己？

河豚的肉质非常鲜美，深受人们喜爱。可是河豚的内脏中含有一种生物碱，叫作河豚毒素。这种毒素能使人的神经麻痹，心脏停跳，是自然界中发现的毒性最大的神经毒素之一。

河豚肉中虽然没有毒素，但河豚死亡的时候，内脏的毒素有可能进入肉里，或是厨师在处理河豚时，也有可能不小心把内脏中的毒素弄到肉上。河豚毒素的性质又特别稳定，超过220℃才会分解，一般蒸煮只能达到100℃左右，完全破坏不了它。人一旦误食了河豚毒素，目前还没有很好的解毒方法，如果抢救不及时，很容易导致死亡。所以，吃河豚是一件非常危险的事情。

河豚毒素这么厉害，那它会不会毒死自己呢？

河豚自身对河豚毒素的抵抗能力是一般鱼类的 1000 倍，所以在正常情况下，它们能够抵御自己身体里的毒素。可是也有例外情况，河豚会在受到惊吓时分泌河豚毒素，如果它突然受到猛烈惊吓，一下子毒素分泌过多，那么河豚就会被自己分泌的毒素毒死。

宋 陆游

shì ér
示儿

sǐ qù yuán zhī wàn shì kōng, dàn bēi bú jiàn jiǔ zhōu tóng.
死去元知万事空，但悲不见九州同。

wáng shī běi dìng zhōng yuán rì, jiā jì wú wàng gào nǎi wēng.
王师北定中原日，家祭无忘告乃翁。

释词

1 示儿：写给儿子看。

2 元知：原本知道。“元”同“原”，本来。

3 九州：这里指宋代的中国。古代中国分为九州，分别是冀州、兖（yǎn）州、青州、徐州、扬州、荆州、梁州、豫州和雍州。

4 王师：南宋朝廷的军队。

5 北定：平定北方。

6 中原：淮河以北被金人侵占的地区。

我重病在身，且年逾八旬，恐怕将不久于人世。唉，我也知道人死之后，世间的一切都与我无关了，但我唯一遗恨的事，就是没能亲眼看到祖国统一哇。儿子啊，将来大宋军队收复中原失地的那天，你举行家祭，千万不要忘记将这好消息告诉我。如此，我也能含笑九泉了。

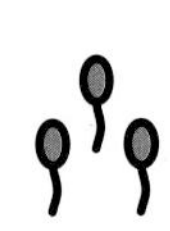

为什么有生也有死？

大自然中的每一种生命体都会有一个诞生、成长、成熟、衰老、死亡的过程。

我们这个世界有一条基本自然规律，所有的东西都会从整齐渐渐变得混乱，好像一个开始时整齐划一的队列方阵，随着时间的流逝，总会渐渐变得像市场上随意走动的人群。所以，我们会见到一个玻璃杯被不小心打碎，变成一堆玻璃碴儿；却从来没见过一堆玻璃碴儿自己聚在一起变成一个杯子。

人体是一个由亿万个细胞组成的复杂机器，不同功能的器官就像机器中复杂的零件，环环相扣、高度有序地工作，才能让人保持健康。这个复杂机器里的任何一个小零件受损，都会导致整个机器不能正常工作。人从出生到长大成人，就像机器不断装配起来的过程，装配好以后，人体的机器会以最佳的状态运行一段，这就是人的青年和壮年时期。在这以后，随着时间的流逝，机器慢慢地磨损，各种各样的零件开始出现问题，直到有些零件磨损到无法使用，机器就可能停止工作，人就会走向死亡。

死亡是无法避免的自然规律，害怕或是讨厌都没有用，我们应该正确地面对。最好的方式，就是在身体健康的每一天都好好学习、好好工作、好好生活，以积极的状态，对待每一天。

为什么亲人死去，我们会很伤心？

人是一种社会性动物，人和人之间的联系是我们每个人生命中都很重要的一个组成部分。每个人都需要亲人和朋友，没有亲人和朋友的人就会感到孤独和沮丧。

亲人是我们在成长过程中联系最紧密的人。当亲人去世时，我们突然失去了这部分联系，情绪就会受到巨大的影响，产生伤心难过的感情。通常需要几个月甚至几年时间，我们才能慢慢适应这种状态，情绪才会慢慢平复。

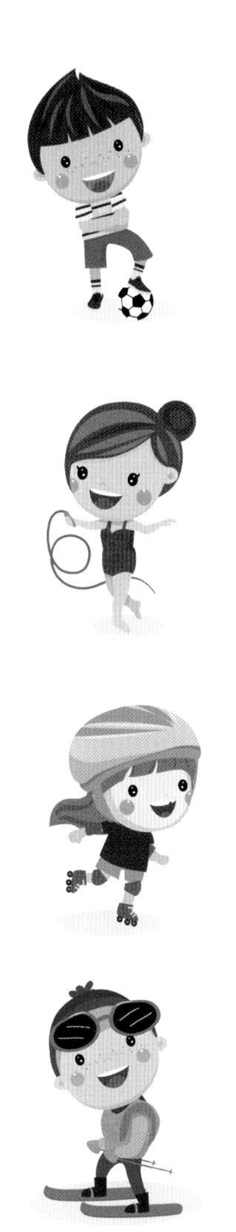

那么有没有办法能够缓解伤心的情绪呢?

适当的运动能够让大脑分泌一些让人感到愉悦的物质，在一定程度上能够缓解伤心的情绪。另外，通过和其他亲近的家人、朋友聚会，相互倾诉、倾听，也能在一定程度上弥补因为失去亲人而失去的那些联系，缓解伤心难过的情绪。

宋 范成大

四时田园杂兴（其一）

sì shí tián yuán zá xìng

zhòu chū yún tián yè jì má
昼出耘田夜绩麻，

cūn zhuāng ér nǚ gè dāng jiā
村庄儿女各当家。

tóng sūn wèi jiě gòng gēng zhī
童孙未解供耕织，

yě bàng sāng yīn xué zhòng guā
也傍桑阴学种瓜。

释词

1 杂兴：有感而发、随事吟咏的诗。

2 绩麻：将麻搓成线。

3 傍：靠近。

译文

夏日的村庄到处洋溢着一种和谐安乐的氛围。白天，太阳当空照，庄稼人在农田里锄地耕作；夜晚，星星爬满天，庄稼人在院落场屋里绩麻纺线。虽然日夜操劳，备尝艰辛，农家的儿女们都能苦中作乐，各自持家。年复一年，日复一日，农家人的生活就这样世代传袭下来。瞧！那个身体歪着、脚步不稳的小孩子，虽然不知道什么叫作耕田纺织，却也调皮地在桑树阴下，学着大人们的样子，自娱自乐地往土地里埋种子呢。原来，这孩子是想种出一棵秧苗来，好结出一个大瓜来呀。

古人家里为什么常常有桑、麻这两种东西？

今天的我们生活在一个工业化的商品社会，平常需要的吃喝穿用都可以在商店或市场上买到。最近几年，越来越多的东西连商店都不用去，上网就能买到。可是在古代就没有这么方便了。中国古代的社会处于一种自给自足的小农经济阶段，家家户户都是自己生产自己所需要的东西。人们吃的是自己种出来的粮食、蔬菜，自己养的家禽、家畜，穿的是自己纺纱、织布做成的衣服。

棉花是宋元以后才在我们中国普及开，在那之前做衣服主要的材料是丝和麻。所以几乎家家户户都种有桑和麻。

收丝

麻布

桑叶用来养蚕，蚕吐出的丝可以织成丝绸。丝绸非常轻薄，价格也很贵，普通老百姓家庭是穿不起的。不过，老百姓可以拿来变卖换钱，购买盐、铁器这些生活必需品。

苎麻、青麻之类的麻纤维则非常结实，而且吸汗透气，用麻织出来的衣物虽然没有丝绸漂亮，但是结实耐用，是当时普通老百姓所穿衣服的主要原料。

为什么种瓜得瓜，种豆得豆？

“种瓜得瓜，种豆得豆”是我们习以为常的一句成语。可你有没有想过为什么一定是这样呢？

1856年，一位奥地利的生物学家孟德尔用豌豆做了长达8年的实验，总结出了生物遗传的规律。到了20世纪中期，科学家更是发现了生物遗传的密码本——DNA，全名叫作脱氧核糖核酸。

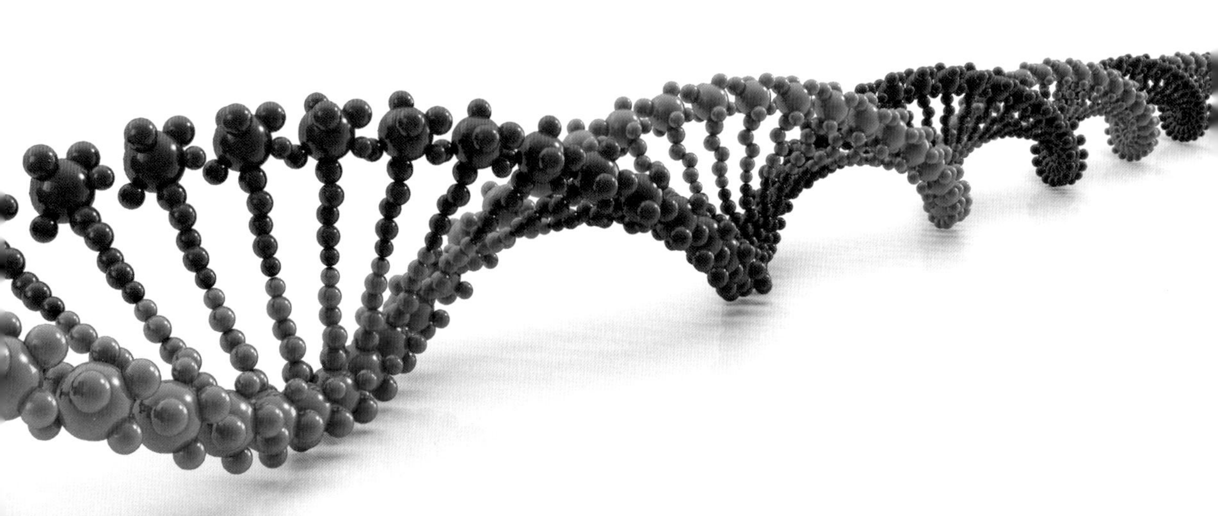

DNA 上一段段的记录着生物各种信息的片段叫作基因。因为生物体内的几乎每一个细胞里都存着一本记录了生物完整遗传信息的 DNA 密码本，生物体在生长发育的过程中，严格按照密码本上的一段一段基因复原父母的样貌，所以才会种瓜得瓜、种豆得豆。

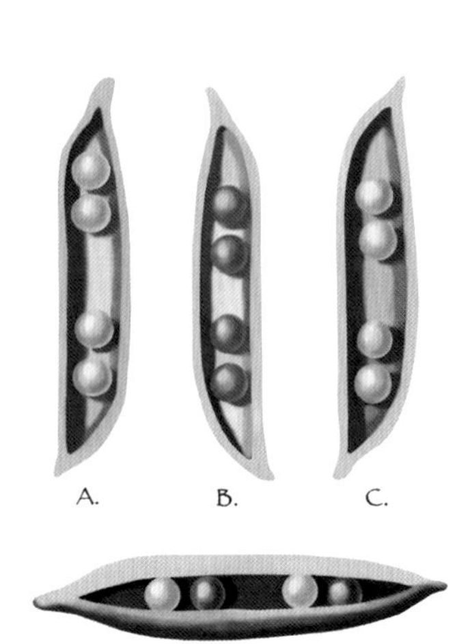

人类的遗传也是借助 DNA 密码本实现的。因为我们身上的 DNA 密码本中有一部分基因来自爸爸，另一部分来自妈妈，所以我们的样子有的地方像爸爸，有的地方像妈妈。

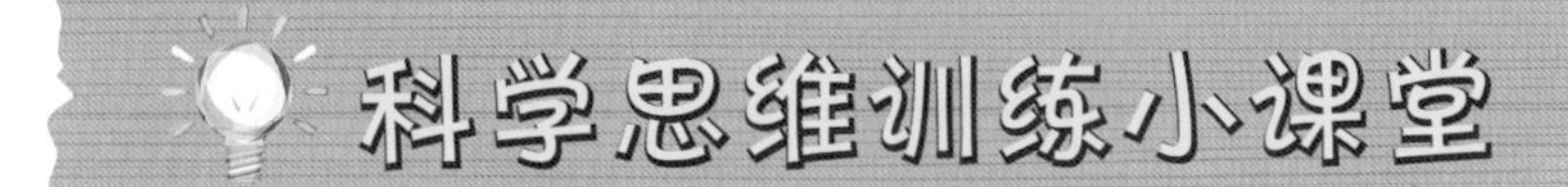

科学思维训练小课堂

① 用画图的方式，记录某种植物的生命周期。

② 摸一摸，看一看，你平时所穿衣服的材质是什么？

③ 你的身上有哪些特征像爸爸，哪些特征像妈妈？比一比，像谁多一点呢？

扫描二维码回复“诗词科学”
即可收听本书音频